生命的旅程
当我们变成人

（英）迈克尔·布赖特（Michael Bright）/ 著

（英）汉娜·贝利（Hannah Bailey）/ 绘

刘林德 / 译

孟庆金 / 译审

化学工业出版社

·北京·

When We Became Humans
© 2019 Quarto Publishing Plc.
First published in 2019 by words & pictures,
an imprint of The Quarto Group.
The Old Brewery, 6 Blundell Street,
London N7 9BH, United Kingdom.
All rights reserved.
Simplified Chinese copyright © 2020 Beijing ERC Media Inc.

北京市版权局著作权合同登记号：01-2020-5964

图书在版编目（CIP）数据

生命的旅程：当我们变成人/（英）迈克尔•布赖特（Michael Bright）著；（英）汉娜•贝利（Hannah Bailey）绘；刘林德译. —北京：化学工业出版社，2020.11

书名原文：When We Became Humans: Our incredible evolutionary journey

ISBN 978-7-122-37719-7

Ⅰ.①生…　Ⅱ.①迈…②汉…③刘…　Ⅲ.①人类学-少儿读物　Ⅳ.①Q98-49

中国版本图书馆CIP数据核字（2020）第175341号

出 品 人：李岩松　　　　　　　　　　责任编辑：笪许燕　汪元元
营销编辑：龚 娟 郑 芳　　　　　　　特约编辑：孙天任
责任校对：宋 玮　　　　　　　　　　装帧设计：刘丽华

出版发行：化学工业出版社（北京市东城区青年湖南街13号　邮政编码100011）
印　　装：北京利丰雅高长城印刷有限公司
710mm×1000mm　1/8　印张9　字数106千字　2021年1月北京第1版第1次印刷

购书咨询：010-64518888　　　　　　　售后服务：010-64518899
网　　址：http://www.cip.com.cn
凡购买本书，如有缺损质量问题，本社销售中心负责调换。

定　　价：88.00元　　　　　　　　　　　　版权所有　违者必究

目录

什么是人？

人类是独一无二的。我们种庄稼，养牲畜，跨越大洲和大洋去开展贸易。我们用复杂的语言说话和书写。我们有推理能力，爱探索，总想弄清楚万物是如何运转的。艺术、音乐和文学歌颂着我们的所见所闻。复杂的工具让我们能够建造雄伟的建筑、制造精密的机械，甚至探索外太空。任何其他动物都实现不了这样的成就，但是，和所有动物一样，人类演化的故事刚开始时并没有这么精彩。我们的祖先走过了哪些历程？我们变成人类经历了哪些变化？让我们来一探究竟吧。

人类究竟是什么？

人族

也许你要说科学家们为了清晰地描述人类发明了足够的词汇，是的，这儿还有一个词呢——人族动物，指的是人科动物中的人类及与我们关系最近的"亲戚"。

人科

人类属于人科动物。

人科动物包括人类和大型的猿类，例如猩猩、大猩猩、黑猩猩、倭黑猩猩，但不包括长臂猿。

2

哺乳动物

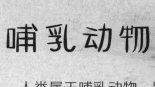

人类属于哺乳动物。跟所有哺乳动物一样，人类也用母乳喂养婴儿。母乳中包含了婴儿成长所需要的全部营养。

灵长类

人类属于灵长动物。灵长类是哺乳动物中的一类，既包括狐猴、眼镜猴、懒猴等原猴类，也包括猴类和猩猩、人类等猿类。

简鼻猴类

人类属于简鼻猴类，有"简单的鼻子"。这一类群包括了猴类和猿类。猴类与猿类的区别显而易见：大部分猴类有尾巴，而猿类则没有。所以人类要归为猿类。

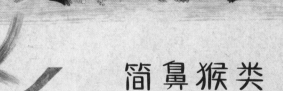

物种名称中包含什么？

现代人的学名是 *Homo sapiens*（智人），意思是"有智慧的人"。在生物学中，绝大部分生物的命名采用双名法（又称为二名法），即每个物种的学名都由属名和种本名构成。这里，*Homo* 意思是"人"，为属名，而 *sapiens* 意思是"有智慧的"，为种本名。接下来，将会讲到几种人类祖先的学名，不过有一些只出现属名，免得太绕舌。

不起眼的开始

人类早期的祖先是灵长类动物。灵长类动物最早出现在 6,600 万年前，当时恐龙还统治着地球。这些最早的灵长类动物个头很小，在树上生活以躲避食肉恐龙。

小行星撞击！

大约 6,600 万年前，一颗小行星撞到了地球，全世界四分之三的生物灭绝了，包括恐龙。其余四分之一的生物幸存下来，其中就有早期的灵长类动物。由于许多竞争者和天敌消失了，新的灵长类物种演化出来，其中一类成为了我们的祖先。

身子小，脑袋大

我们最早的灵长类祖先看起来与现在的树鼩（qú）很像。树鼩是一种与鼠类相似的小型哺乳动物，在热带丛林间窜来窜去。它们的头与身体的比例在哺乳动物中算是比较大的，这样看来，早期的灵长类很可能是非常聪明的小个子。

普尔加托里猴

生存年代：白垩纪—古新世（6,600 万年前）

体型大小：体长 15cm

普尔加托里猴可能是早期的灵长类动物，在大灭绝中幸存了下来，继续在树林里生活。它有踝骨，可以转动并调整爪子的姿势，让它轻而易举地抓住树枝。普尔加托里猴可能不是人类的直系祖先，但是我们的远祖跟它长得差不多，行为也相似。

眼睛朝前！

跟普尔加托里猴一样，最早的灵长类动物眼睛长在头部的两侧，这有助于发现正在靠近的捕食者。后期的灵长类动物眼睛长到头部前面，就像我们的眼睛一样。眼睛长在前方，能够更好地感知距离，有利于发现树上的食物，特别是那些行动敏捷的昆虫。

阿喀琉斯基猴

生存年代：始新世（5,500 万年前）

体型大小：体长 9cm

阿喀（kā）琉（liú）斯基猴体型非常小，比现在最小的灵长类动物伯氏倭狐猴还小。它眼睛朝前，长着一条长长的尾巴，脚和手可抓握，像我们一样指（趾）端长着扁扁的指（趾）甲而不是利爪。科学家们认为它可能不是人类的直系祖先，但是外形上很像。

维生素缺乏

演化为人类的灵长类动物丧失了一种非常重要的能力——合成维生素C，作为它们的后代，人类自然也不能合成维生素C。这是人类和现代的猴类还有其他猿类共同的特点。解决办法就是去吃含有大量维生素C的果实。你一定觉得奇怪，为什么要提到这些呢？接下来你将认识到，正是对果实的不断搜寻形成了早期人类演化的历程。

古猿时代

　　最早的灵长类动物化石大部分是在欧洲和亚洲发现的，但3,000万年前的化石证明，在非洲，长得像猴子一样的猿类祖先看起来更像现在的猿类了。我们的远祖外形上看起来更接近我们了，尽管它们仍然生活在树上，而且最主要的食物还是果实。

协同进化

　　不是所有的动物都能像我们一样识别各种颜色，这种能力也许跟果实有关。科学家们认为，灵长类动物和果树在演化过程中可能会互相影响。树上结出果实，果实成熟过程中颜色变得越来越鲜艳，也越来越有诱惑力。灵长类动物演化出了通过颜色辨认果实是否成熟的能力，并能在最合适的时候摘取果实。吃掉果实之后，灵长类动物通过粪便把种子传播出去。果树依赖灵长类动物来繁衍，而灵长类动物也依赖果树来生存。

埃及猿

生存年代：渐新世（3,000万年前）

体型大小：与现在的吼猴体型大致相同

这种灵长类动物同时具有旧大陆猴和猿类的特征。它像猴子一样长着尾巴，但上肢的骨骼却与猿类相似。它们成群结队地生活在非洲东北部的沼泽森林中。雄性长着又大又尖的犬齿，所以它们有可能通过争斗获得头领的地位，就像现在的狒狒一样。

原康修尔猿

生存年代: 中新世（距今 2,500 万 ~ 2,300 万年）

体型大小: 跟黑猩猩相似

原康修尔猿属于灵长类，它看起来更像猿而不是猴子。它没有尾巴，面部像猿，比猴子的抓握能力更强。它还保留着一些猴子的特征，例如修长柔韧的背部，像猴子一样用四肢在树枝上行走。

皮尔劳尔猿

生存年代: 中新世（距今 1,300 万 ~ 1,250 万年）

体型大小: 身高 1 米左右

皮尔劳尔猿是一种生活在树上的猿。它的后背下半段硬直，就像现代的猿一样，所以它坐着的时候，身体像现在的黑猩猩那样呈直立姿态。它的膝盖形状也和现代猿相似，膝关节活动方便，腕关节也很灵活。这些特征说明它善于上下攀爬，很可能会从树上下到地面活动。它的髋（kuān）较宽，这使它比猴子具有更好的平衡性。它可能像大猩猩一样四肢着地行走，甚至能站起来警戒。它很可能是人类、大猩猩和黑猩猩最近的共同祖先，或者与其相似。

如何确定我们的祖先？

由于在人类出现之前的灵长类动物都生活在千百万年前，科学家们只能通过化石来了解它们。化石是动植物保存下来的部分，它们的形成方式多种多样，其中一种是动植物被掩埋在沉积物（例如湖床）中形成的。随着时间流逝，矿物质替换了生物组织，它们就变成石质的化石了。坚硬的部分（例如骨骼）比柔软的部分（例如大脑）更容易形成化石。动物的足迹和挖掘的洞穴也可以形成化石，称为"遗迹化石"。科学家们通过分析含有化石的岩石的形成年代，来确定生物的生存年代。

大脑的尺寸

在人类的演化过程中，大脑的尺寸是判定个体智慧程度的一个指标。但是，如果大脑没有形成化石，我们又怎么知道它有多大呢？科学家使用X光和MRI（磁共振成像）扫描仪，可以测量化石颅（lú）骨内颅腔的大小。而大脑通常充满颅腔，所以空腔的大小就反映了大脑的大小。

通过 DNA 追溯历史

基因是DNA（脱氧核糖核酸）序列中有遗传效应的片段，是每个细胞核中的化学蓝图。它不仅让我们每个人与众不同，而且显示我们彼此的亲缘关系。科学家们通过追溯动物之间的基因关系可以弄清楚某种动物的祖先、近亲或远亲，甚至能追溯到它们曾生活过的地点和时间。

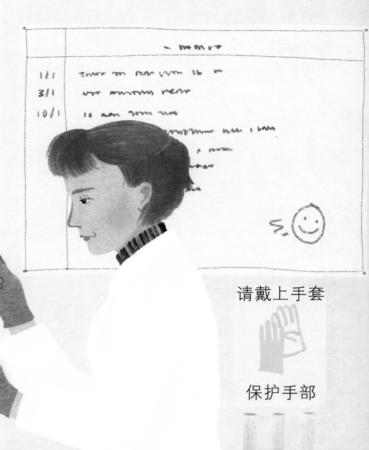

请戴上手套

保护手部

人类的亲属

地球上所有的动物都是由一个共同的祖先演化而来的，所以人类与地球上所有其他动物都有着或多或少的共同基因。现代人之间的基因有99.9%相同，现代人与黑猩猩有96%的相同基因，与猫有90%的相同基因，与老鼠的基因有85%相同，与昆虫的基因有60%相同。从基因上来说，我们与黑猩猩和倭黑猩猩的差异只有4%，因此，在所有的现代生物中，它们是人类最近的亲属。

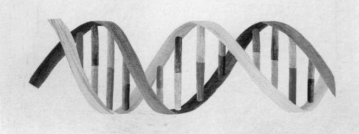

谁曾在那里生活过？

在人类遗址中，如果能找到遗留的微量DNA，科学家就能确定哪些动植物曾经在那里出现过。例如，在比利时的一个洞穴中，没有找到任何颅骨化石碎片，也没有发现其他身体部位的骨骼化石，然而科学家们在洞穴地面的灰尘中发现了微量的人类DNA——可能来自血液或大小便，因此，科学家判定古人曾在那里生活过。

直立行走

在800万年前到600万年前之间的某个时刻，与我们亲缘关系最近的亲属——黑猩猩和倭黑猩猩，在进化树上与我们分开了。这是人类历史上重要的时刻，因为从这一刻起，我们就位于现代人的那个分支上了，不过不是直接演化成现代人，而是需要经过几个阶段，例如实现直立行走。

髋与膝

黑猩猩和大猩猩都能够直立行走，但它们走路时腿是弯曲的。髋关节和膝关节的结构，让它们没法单腿直立，当它们抬起一条腿时，身体必须随之倾斜，所以，它们走路的时候，看起来摇摇晃晃的。不过，它们既能在地上直立行走，也能灵活地爬树摘果实。

为什么会直立行走？

通常认为，我们的早期祖先在离开森林，转移到稀树草原上生活时，就站着走路了。因为直立的姿态，能让他们在草原上看到更远的地方。然而，早期人类大部分时间都生活在森林里，所以直立行走的形成肯定还有其他原因。一种假说认为直立行走和抓握、搬运东西有关。比如，站立起来可以解放双手，方便拿工具，运送美味的食物，甚至还能抱一抱幼小的婴儿。

直立行走的其他好处

早期人类用后腿站立起来，也可能是想让自己显得更加高大威猛，就像熊那样。直立行走和奔跑也让早期人类更容易探查开阔地带，这样他们就能在更广阔的区域内搜寻食物了。

在炎热的稀树草原，站立的姿势能减小身体暴露在烈日下的面积。

直立行走的"阿迪"

"阿迪"是地猿（*Ardipithecus*）的昵称，既有黑猩猩的特征也有人类的特征。最早发现的阿迪化石是雌性，不管体型还是身高，她都跟黑猩猩相差无几。这说明我们生活在那个时期的直系祖先也长得跟黑猩猩差不多。阿迪的脑部很小，甚至比现在的黑猩猩的都小。她曾生活在埃塞俄比亚的林地中。

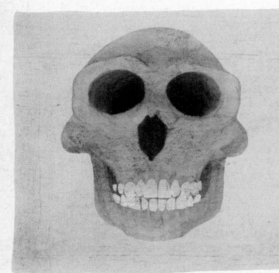

居家爸爸

阿迪的牙齿像人类的一样，长得比较小。即使是雄性的犬齿——前排牙齿两侧的尖牙——也不大，这说明他们之间基本互不侵犯。因为当雄性灵长动物彼此争斗时，他们的犬齿会长得又长又尖。根据阿迪的牙齿情况，一位科学家甚至提出了一种观点，认为这种不具有侵略性的雄性实际上在帮助抚养后代，这也是后来的人类演化中一个重要的行为特征。

藏在骨骼里的线索

阿迪的足部有一个适合抓握的大拇趾，与另外四趾相对而生，可帮助她爬树，但骨盆的特征显示她也可能是"双足行走"的。也就是说，在地面的时候，她可以用两条后腿直立行走，跟我们走路有点儿像。她是最早用这种方式行动的早期人类之一。

地猿

生存年代：上新世（距今 500 万 ~ 400 万年）

体型大小：身高 1.2 米

会使用工具的"露西"

露西（Lucy）是一具已经出土的化石骨架，她是人类演化谜题中重要的一环。她属于南方古猿，非常有可能是我们的远古祖先之一。南方古猿脑部较小，直立行走，生活在非洲。露西死亡时大约12～18岁，已经算是成年了。300多万年前，她生活在埃塞俄比亚的林地中。

天空中的露西

露西这个名字是怎么来的呢？是因为她的发现者们为了庆祝这一伟大发现，播放了披头士的音乐《露西在缀满钻石的天空中》（Lucy in the Sky with Diamonds）。那个时候，阿迪还没有被人发现，大家认为露西是最古老的长得像人的人类祖先。

露西吃什么

露西的肚子很大，就像黑猩猩那样。这么大的空间，可以容纳更大的胃和更长的肠子，从而更好地消化食物。她主要吃叶子、草、果实、种子和根茎类食物，也吃肉。她甚至可能会使用工具。人们在南方古猿幼年个体塞拉姆（Selam，生活在330万年前）的化石旁边，找到了破碎的动物骨骼化石，塞拉姆敲碎骨头可能是为了获取里面的骨髓。骨头表面还有简单石器的划痕。这些划痕是把肉从骨头上剔下来的时候形成的，表明他们会制造并使用简单的工具了。这是人类祖先使用工具的最早记录。

南方古猿阿法种

生存年代：上新世（距今385万～295万年）

体型大小：雄性身高1.5米，雌性身高1.1米

露西的骨骼
提供了什么信息？

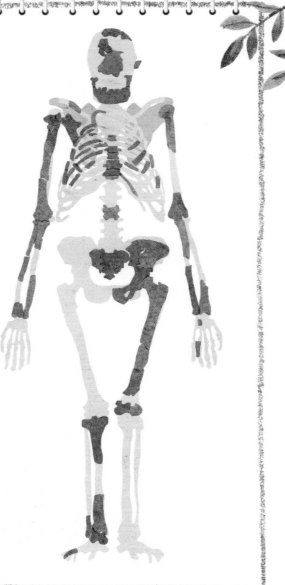

露西的上肢很长，手指弯曲，善于攀爬，更像黑猩猩，但是她的下肢更像人类。跟我们一样，她有着短而呈碗状的骨盆，支撑起上半身并保持直立。她的股骨形状也与我们的相似，所以身体的重量都压在强壮的膝部。她的足部弓起，支撑她稳步行走。她走起路来比阿迪更像人类，但是她也有三分之一的时间生活在树上。她可能在树上过夜，以躲避捕食者。

最早的团队合作者

露西所属的物种很可能还不会捕杀猎物。他们从被猛兽杀死的动物尸体上获取肉食。这意味着他们要与猛兽争夺食物，同时不成为猛兽的食物，于是，早期的团队合作便出现了。锋利的石器，可以当成武器与猛兽搏斗，也可以作为工具，快速将肉切割下来，这给他们带来了优势。

工 具 制 造 者

露西并不是唯一会使用工具的早期人类，还有一些早期人类也会制作石器工具。这些早期的石质工具组合被称为奥杜威石器，因为它们是在坦桑尼亚的奥杜威峡谷发现的。

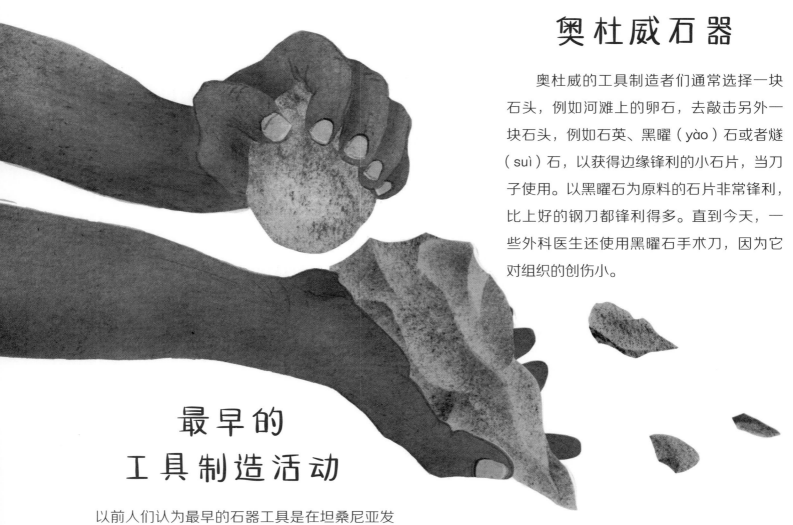

奥杜威石器

奥杜威的工具制造者们通常选择一块石头，例如河滩上的卵石，去敲击另外一块石头，例如石英、黑曜（yào）石或者燧（suì）石，以获得边缘锋利的小石片，当刀子使用。以黑曜石为原料的石片非常锋利，比上好的钢刀都锋利得多。直到今天，一些外科医生还使用黑曜石手术刀，因为它对组织的创伤小。

最早的工具制造活动

以前人们认为最早的石器工具是在坦桑尼亚发现的，但是近几年在坦桑尼亚的邻国肯尼亚发现了更早的石器，距今有330万年，那正是露西在埃塞俄比亚生活的时期。这些最早的石器组合包括锋利的石片、圆形的石锤以及宽大的石砧（zhēn）。将石头放到石砧上敲击，能制造出又薄又锋利、用来切肉的石片。这些肯尼亚出土的石器工具是谁制造的呢？目前还是个谜哦。不过以露西为代表的南方古猿的可能性非常大。

黑猩猩制作的工具

我们曾认为使用工具是人类特有的能力，但是现在我们知道，许多动物都会使用工具。黑猩猩会制作钓竿"钓"白蚁，用尖头的木棍刺死婴猴，用石锤和石砧打开坚果。人类和黑猩猩的共同祖先很可能在600万年前就会使用工具了。

能工巧匠

最早能制造工具的人是能人（Homo habilis），意思是"手巧的人"。能人是人属（Homo）的最早成员，不过，他们与现代人一点也不像。他们曾经生活在非洲的东部和南部，很可能在林地的边缘区域过着杂食性的生活。

能人的脑量比露西稍大一点儿，差不多是现代人脑量的一半；他们的面部更小，但是上肢依旧很长，像猿一样。他们可以依靠两腿直立行走，但是仍然适应攀爬树木。

能人

生存年代：更新世（距今 240 万 ～ 140 万年）

体型大小：雄性身高 1.35 米，雌性身高 1 米

食腐者和捕食者

跟露西一样，能人很可能也不捕猎。他们以捡拾动物尸体为食，为此，他们不得不倍加小心，因为当时有几种猛兽会扑杀和捕食早期人类，包括豹、鬣（liè）狗的一种绝灭种，以及剑齿虎科的两种绝灭种——巨颏（kē）虎和恐猫，它们和现代的美洲豹差不多大。

气候变化

能人生活的时期，气候变得更加凉爽干燥，因此森林减少而草原面积增多了。这就意味着在森林中能找到的食物资源变少，森林里那些在树上生活的动物不得不下到地面，寻找新的食物来源。这一挑战让早期人类进入一个快速演化的新阶段：肉类食物在食谱中占据了更重要的地位。

15

我们会用火了

在一段漫长的时间里，我们的祖先只能吃生肉，在寒冷的冬天只能挤在一起抱团取暖；夜里睡觉时，会因为猛兽出没而胆战心惊。但是，大约100万年前，这一切都变了：他们学会了如何使用火。

大胃口

庞大的身体和大脑需要消耗很多能量，因此需要吃大量的食物。长长的下肢意味着早期人类可以在一天内走遍很大一片区域，变大的大脑意味着他们可以选择质量更高的食物，例如动物蛋白质。他们吃动物的肉，这些动物既有他们捕猎的，也有其他捕食者吃剩下的。有时，他们还会从一些大小和他们差不多的猫科动物那里偷取食物，例如恐猫，尽管这些动物有可能会伤害他们。

捕猎与屠杀

大约180万年前，早期人类开始制造并使用更复杂的工具，例如手斧、薄刃斧和手镐（gǎo）等。这些工具称为阿舍利石器，比黑猩猩和更早的人类制作的工具复杂多了。其中，手斧是一种两面打制、加工精细的石器，一端较尖较薄，另一端略宽略厚，有泪滴形、心形、肾形等形状。制作和使用手斧可以锻炼早期人类的手部灵活性，从而更好地抓握微小物体和操作工具，让他们有更多机会生存下来。

火与烹饪

远古人类学会了用火将食物做熟，因此他们不必像他们的祖先那样费力地咀嚼食物。关于最早的人类用火的证据是在南非的一个洞穴中发现的。证据显示，大约在100万年前，人们围着一个小型营地的火堆，处理肉和骨头。营火也让他们更加安全，因为许多野生动物怕火。

照顾病人和老人

科学家曾经发现一个距今170万年的颅骨化石，上面基本没有牙齿，而且在牙齿缺失部位的牙槽骨也已经被吸收。这说明颅骨化石的主人在掉光牙齿后又活了很长时间，也说明当时的人类已经会照顾病人和老人了。

直立人

早期人类中，成就斐然的开拓者当属直立人（*Homo erectus*），意思是"直立行走的人"。他们比之前的所有古人类都更高大，更聪明，速度更快，更像现代人。

直立人

生存年代：更新世（距今 180 万 ~ 14.3 万年）

体型大小：身高可达 1.85 米

大脑变大

直立人的大脑比之前的古人类明显要大很多。早期直立人的大脑大约是现代人的60%，但后期直立人的大脑已经接近现代成年人中最小的大脑了。因此，直立人是非常聪明的。

环游世界者

直立人的足迹跨越大洲。在东非和格鲁吉亚发现了180万年前的直立人遗迹，不过后来，他们向西北到达西班牙，向东到达中国和印度尼西亚，这意味着直立人能够适应不同的生活环境，在其中存活下来，就像我们现代人一样。

与现代人相似的体型

早期直立人是已知最早的和现代人身体比例相似的古人类。直立人有高有矮，无论高矮，他们的下肢都相对较长，而上肢相对较短。直立人放弃了在森林中的树上生活，来到地面，用两足直立行走或奔跑。

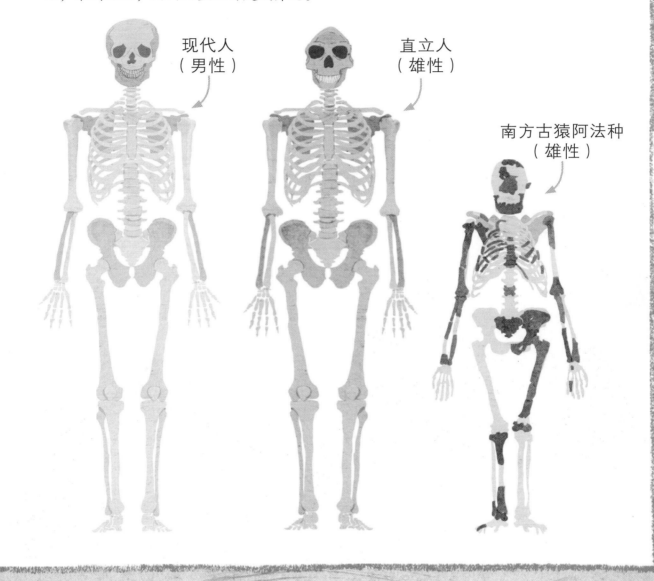

现代人（男性）

直立人（雄性）

南方古猿阿法种（雄性）

最早的航海者

想要到达印度尼西亚的岛屿，直立人就得跨过宽阔的海洋。大约80万年前就有直立人生活在印度尼西亚的弗洛勒斯岛了。不知道他们是怎么上岛的，也许是海啸将漂浮在草垫上的一些直立人冲到了海对面，但一部分科学家认为，是直立人自己制造筏子划过去的。

最早的语言

一些科学家认为，直立人发展出了语言能力。虽然他们远远达不到现代人那么宽的音域，但是仅仅用几个音就能创造出简单的语言。咕哝声和手势已经不能满足人们将制作复杂工具的知识和技能传承下去的需要，这就催化了新的交流方式和手段。

在哪里安家？

早期的古人类主要生活在热带地区，例如非洲及亚洲南部，为了寻找新的食物来源，一些人向北迁移，进入欧洲，少数人甚至到达了现在的英国。因为新到之处食物来源丰富，有鹿、野牛和犀牛等，所以他们就留在了当地。冬季虽然寒冷，但这也促进了新的发展，例如搭建住所和穿戴简单的服饰。

没有比家更好的地方了

他们需要能遮风挡雨的地方。古人类曾使用天然洞穴作为居住场所，而最早的真正由人类自己建造的居所，是用木头、石块和兽皮搭建而成的。在法国发现了40万年前的居所，是简单的帐篷式结构，由柱子支撑，周边围着石头。有的帐篷甚至长达14米。帐篷里有石炉，甚至有挡风板，避免炉火被风吹灭。在帐篷顶部开有小洞，可以让烟散出去。

在河边安营扎寨

早期人类通常在肥沃的河滩两岸或河中的岛屿上建立营地。河边有茂密的青草，野马、鹿和犀牛等食草动物经常光顾。除此以外，还有鸟蛋、鳗鱼和其他鱼类等资源，以及大量的水生植物，这为古人类提供了营养均衡的食物。岛屿上也没有凶猛的大型猫科动物骚扰，因为它们一般不靠近水。

海德堡人

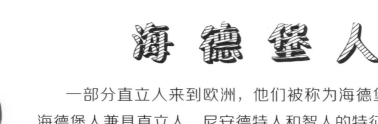

一部分直立人来到欧洲，他们被称为海德堡人（*Homo heidelbergensis*）。海德堡人兼具直立人、尼安德特人和智人的特征。头部较大、面部扁平，与现代人相似；但眉脊（眼眶上缘的粗大眉骨）粗壮、下巴短缩，又像直立人和尼安德特人。海德堡人身材魁梧，腿部肌肉发达，可快速奔跑。脑量的大小介于直立人和尼安德特人之间。

海德堡人

生存年代：更新世（距今 70 万～ 20 万年）

体型大小：身高 1.57 ～ 1.75 米

向北迁移

海德堡人的化石在非洲、亚洲和欧洲都有发现。当他们开始从非洲向欧洲迁移的时候，气候温暖，天气宜人。这种气候条件有利于向北方扩张。后来气候发生变化，越来越冷。海德堡人不得不适应不断变化的环境。

木把长矛

海德堡人的石器跟阿舍利石器相似，但是更薄，也更精致。在工具组合中，出现了带有尖石的木把长矛，还出现了用鹿角和骨头做的刮削器。海德堡人是最早有规律地捕杀大象等大型动物的古人类。他们用长矛捕获猎物，用手斧和石片把它们的肉切割下来，再把骨头敲开，吸食骨髓。

人类拼图谜题

关于海德堡人在人类演化历程中的地位，人类学家有不同观点。有的科学家认为，海德堡人是尼安德特人和现代人最近的共同祖先。非洲的海德堡人演化出现代人，欧洲的海德堡人演化出尼安德特人。有的科学家认为，只有在欧洲发现的骨骼化石是海德堡人的，而他们就是尼安德特人的祖先。还有的科学家认为，海德堡人根本就不是一个单独的种，他们的化石来自在那个时代演化的几个不同种。人类的演化历程太复杂了，没有人能确定哪一种说法是对的。

尼安德特人

在 43 万年前至 25 万年前这段时间中的某个时间点，一种更先进的古人类演化出来了。它不是我们的直接祖先，却是与我们关系最近的已灭绝近亲——尼安德特人。尼安德特人曾生活在欧洲和亚洲西南部，而他们生活的时间段正是现代人在非洲演化的时期。

他们长什么样？

尼安德特人比现代人更强壮结实，躯干粗壮，下肢较短，上肢肌肉发达。他们鼻子宽，眼睛上方有粗眉脊。眼睛很大，脑部处理视觉信息的部分也很大。尼安德特人的脑量比我们现代人的平均脑量还要稍大一点儿。

尼安德特人

生存年代：更新世（距今 43 万 ~ 3.8 万年）

体型大小：雌性身高约 1.55 米，雄性身高约 1.68 米

精密工具

尼安德特人能制造用于切割的石片和手斧。他们常常先做出石核，作为工具的半成品，再加工成带有锋利刃口的工具。这项技能意味着他们可以从采石场把预先做好的石核带走，在捕猎的时候，根据需要进一步加工。

尼安德特人的食谱

　　在非洲，全年都可以采集到植物类食物，但是在欧洲北部的冬季，尼安德特人可吃的植物就少多了。不过，他们有更多的肉可吃，比如鹿，冬天有驯鹿，夏天有马鹿，还有野牛、猛犸象、古菱齿象及披毛犀。生活在直布罗陀海峡岸边的尼安德特人捕食海豹、海豚、鱼，采集贝类。肉可能用火烤熟。如果能找到植物和蘑菇，尼安德特人也会吃。在西班牙西北部，有一个群体吃森林中的苔藓、坚果和蘑菇。

就像我们一样？

从很多方面来看，尼安德特人的行为已经很像现代人了。已经出土的大量尼安德特人的物品也表明他们和现代人的差异很小。不过，如果让尼安德特人穿上现代人的衣服走在大街上，你还是一眼就能认出他们。

衣服和装饰品

尼安德特人可能已经穿衣服了。他们的工具组合中有清理动物毛皮的刮削器。他们很可能用这些毛皮来做毯子或者斗篷。在尼安德特人的遗址，发现过用鹰爪以及穿孔的动物牙齿和打磨过的象牙做的装饰品，有的已经有13万年之久了。

洞穴家园

尼安德特人也会花时间建设他们的家园。在意大利的一个尼安德特人洞穴遗址中，我们可以看到洞穴被分为三层，最上面一层是宰杀猎物的场所，中间一层用来睡觉，位于洞口的最下层是制造工具的地方，安排得井井有条。我们现在知道，尼安德特人还会装饰他们居住的洞穴。在西班牙的洞穴中，我们发现了壁画，上面有用红色颜料绘制的梯形、手印以及线条、点等图案，绘制年代至少是6.4万年前。在直布罗陀的一个洞穴遗址的内壁上，也发现了尼安德特人的刻画痕迹。

神秘的丹尼索瓦人

丹尼索瓦人非常神秘，与尼安德特人有很近的亲缘关系，曾在亚洲生活，足迹遍布从西伯利亚到东南亚的各个区域。我们之所以知道他们的存在，是因为人们在化石里发现了既不属于尼安德特人也不属于现代人的DNA。在美拉尼西亚人（Melanesian）、澳大利亚原住民（Aboriginal Australian）和巴布亚人（Papuan）身上存在着少量的丹尼索瓦人的DNA。

尼安德特人去哪儿了？

经过一段非常寒冷的时期之后，尼安德特人被迫迁往欧洲南部。在同一时期，现代人正在欧洲扩张。当气温回暖，尼安德特人再也无法回到他们原来的居住地了，因为现代人侵占了他们的家园。幸存下来的尼安德特人很少，而到4万年前的时候，尼安德特人全部灭绝了。但是，DNA分析显示，尼安德特人在大约5万年前与现代人进行过基因交流。这意味着即使在今天，我们中的有些人仍然保留着少量尼安德特人的DNA。

现代人

我们曾经认为现代人起源于东非，但是在摩洛哥、埃塞俄比亚、南非等地，都发现了相近年代的智人化石，这表明智人的主要群体遍布非洲大陆，这无疑让现代人的起源变得更复杂了。现代人出现的时代，气候极不稳定，变来变去，干燥寒冷和温暖潮湿交替出现。人类要么设法在这些极端环境中生存下去，要么迁移到其他地方。气候的变化塑造了人类的生活方式，而我们用高度发达的大脑迎接着这种挑战。

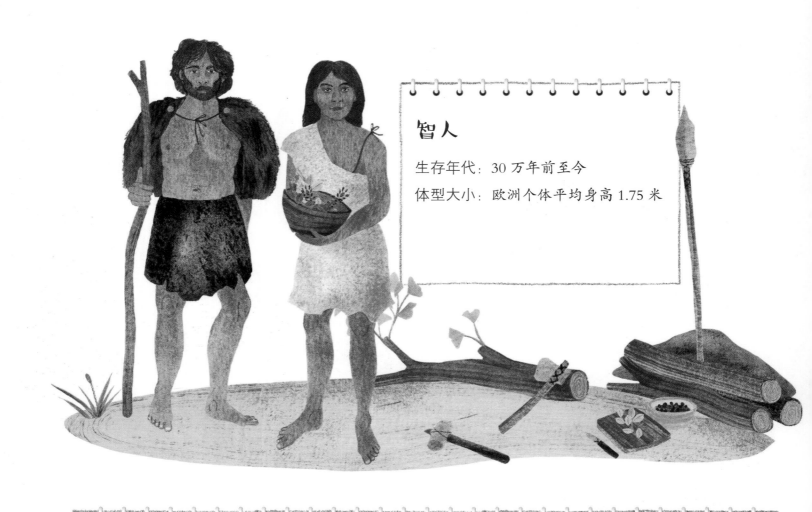

智人

生存年代：30 万年前至今

体型大小：欧洲个体平均身高 1.75 米

认识现代人

智人身体轻盈，颅骨呈圆顶状、面部扁平、下巴突出，前额没有粗壮的眉脊。脑量和体格大小成正比。早期现代人的体重较轻，脑量是 1,500 立方厘米，今天的人类更轻盈，脑量约为 1,350 立方厘米。而身材高大的尼安德特人，脑量大约有 1,700 立方厘米。

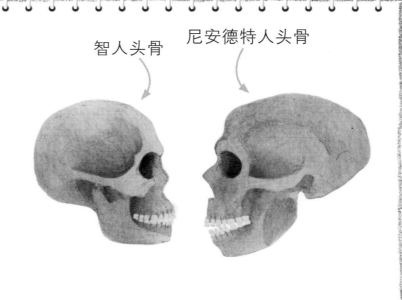

智人头骨　　尼安德特人头骨

中间情节混乱不清

之前人们曾认为人类的演化过程是单线进行的，即从能人到直立人再到智人。但是现在，科学家们认为人类的演化过程非常复杂。不同类型的古人类生活在非洲不同的地方，被河流、山川、沙漠和其他地理屏障阻隔开来。他们虽然可能有基因交流，但基本都按自己的速度和自己的方式演化。最终，智人演化出来了，但没有人能确切地知道现代人类是怎样、在哪里、为什么演化成功的。

伟大的幸存者

智人是唯一生存下来的人类，其他人类全都绝灭了。一些科学家认为，现代人之所以能生存下来，是因为我们既泛化，又特化。这听起来似乎自相矛盾，其实不然。泛化是说人类和很多其他动物一样，可以生活在多种不同的环境，利用多种资源；但同时，我们也有特定人群，专门生活在极端的环境，例如，有些人群生活在空气稀薄的高山地区，也有生活在极寒环境的北极捕猎者。这是特化的表现。

北极动物

过去，住在北极的人能从他们捕获的动物身上获得一切生活所需。例如，衣服、皮艇上的覆盖物，都是用海豹皮做的。

走出非洲

虽然智人是在非洲演化出来的，但没过多久，一些人就离开了非洲大陆，去探索世界其他的地方。这也许是因为对食物和生活空间的竞争，或者因为气候的变化。早期现代人的迁徙并不是一次完成的，在数万年的时间里产生了多次迁移的浪潮。

长途跋涉者

最早一波走出非洲的浪潮大约出现在18.5万年前。这个时期的化石证据在西亚发现了。而在意大利发现的化石显示早期现代人在4.5万年前到了欧洲。

最早的澳洲居民

另一群人选择了"南线"，避开寒冷的威胁。他们沿着亚洲南部的海岸线走。在5万年前，大约有3,000人跨越海洋到了澳洲北部。在那儿发现了带有木质把手的石斧以及用火证据。与这群先驱者们共同生活在澳洲的动物，有巨型袋熊、小袋鼠及一种庞大的巨蜥。

到达美洲

人类大约在2万年前到达北美洲。这支人群是从西伯利亚过去的。当时的海平面比现在要低，所以他们可能是从连接亚洲和美洲的陆桥走过去的。另外一种假说认为，他们是乘船沿着陆桥南海岸过去的。

大型动物的灭绝

    北美洲曾经生活着一些巨型动物，包括乳齿象、剑齿虎、短面熊及恐狼，在现代人迁移到这片大陆以后，它们就灭绝了。是人类捕猎导致这些动物的灭绝吗？还是有其他因素，例如气候的变化？没有人可以给出确定的答案。

现代人
平均身高：1.6～1.75米

短面熊
平均身高：1.8米

乳齿象
平均身高：2.45～3米

恐狼
平均身高：0.6米

聪明的捕猎者

我们的史前祖先是技术高超的捕猎者。他们不仅可以长途奔跑，直到猎物筋疲力尽，从而捕到猎物，而且发明了很多寻找、捕捉、杀死猎物的新方法。

史前弓箭手

在南非的一个遗址，人们发现了弓箭使用的最早证据，时间可追溯到约7.7万年前。弓的攻击距离比矛更远，所以使用这种武器的捕猎者不需要靠近猎物。他们可以躲在灌木丛或岩石后面，不用暴露自己。他们可以携带很多支弓箭而不仅仅是一支矛。

最早的地图

2.7万年前，一群生活在捷克共和国境内巴甫洛夫山区的捕猎者在一段猛犸象牙上刻了一些符号。这些印记可能代表着他们周边的山地和峡谷。这意味着他们有了地图，也许是捕猎用的，上面标明了他们的位置、可以去哪儿以及在哪里能找到猎物。

驱赶猎物

在西亚，考古学家发现了用石头垒成的大型围墙遗址。这些围墙是一种陷阱，根据它的形状而被称为"沙漠风筝"。早期的猎人了解了猎物的迁徙路线后，就把它们赶进陷阱中杀掉。这些围墙遗迹有近6,000年的历史，是最早的屠宰场。有证据证明，在一次捕猎中，有将近100只鹅喉羚被杀死。

野牛跳崖

在北美洲，猎人们将野牛赶到一起，赶下悬崖。牛群被赶入用石头垒起的通道，也称为"驱赶通道"，跟"沙漠风筝"的用途一样。通道越来越窄，直通悬崖边。在通道里，动物们被驱赶着往前跑，最后坠下悬崖。野牛坠崖后或者直接摔死，幸存的也会摔断腿，猎人们接着用矛一个一个地将它们刺死。这种驱赶野牛跳崖的狩猎方法早在1.2万年前就已经出现，直到大约500年前才不再使用。

过得更惬意

人类并不是唯一使用工具的动物，但我们是唯一能够制作复杂工具的动物。最开始时，我们的祖先只能用石头制作一些简单的工具，但是随着时间的推移，更结实、更柔韧的材料得到开发利用——包括铜、锡、青铜、铁、钢、铝和高科技的碳纤维。利用工具，我们可以建造住所，从最简单的小棚子到空间站；我们也能制造机械，从简单的杠杆和滑轮到运行速度最快的超级计算机。

鱼叉

全新的工具装备

史前的智人像他们的祖先一样制造、使用石器。不过，他们磨制的石片更加锋利，出现了刃很长的刀和很长的矛头。骨头、象牙、鹿角也成了他们制作工具的材料。鱼钩、带倒刺的鱼叉、弓箭、投掷用的长矛、镰状刀及骨针等工具也出现了。

用火能力增强

智人比之前的古人类更擅长用火。圆形的火塘和火坑帮助他们在寒冷的地方存活下来。在捷克共和国境内发现的大约2.6万年前的陶窑，可以在400℃的温度下烧制小的陶俑。

黏胶的出现

一些武器（复合工具）由石镞（zú）和木把两部分组成，通常是把石镞固定在木把的一端，这就用到了胶。在南非，科学家们发现了我们祖先制作胶的方法。他们将赭（zhě）石、植物胶及动物脂肪混合起来，然后用火把这些混合物烘烤到适当的黏稠（nián chóu）度。早在6.5万年前，胶就已经出现了。

植物胶

骨头碎片

赭石

轮子的发明

轮子是一项极其伟大的发明，它的出现改变了人类历史的进程。最早的轮子是沉重的石轮（水平旋转的制陶工具），要用手转动，6,000多年前在西亚地区使用。其后不久，安装着结实的木质轮子的小车就出现了，但是没人知道是谁发明的。轮子最早的图片绘在波兰出土的一件有5,500年历史的陶罐上。

开饭啦

早期人类依靠捕猎动物和采集植物为生，也吃动物尸体。在16.4万年前人们就已经会捕捞和烹饪贝虾类了，而到了9万年前，他们发明了捕鱼的工具。他们不断扩展新的食物来源。大约1.5万年前，他们甚至学会了做面包，虽然在几千年后他们才开始种庄稼。

令人惊奇的淀粉类植物

在莫桑比克的一个山洞里，科学家们发现了有淀粉颗粒残留的石器，弄清楚了史前人类都吃哪些食物。他们的野生食物中包括了粗柄象腿蕉的根、木豆和非洲马铃薯，还有高粱——一种野生的草籽，直到现在，非洲还在种植。这个遗址有10万年的历史，让人倍感吃惊。这一发现也说明，在农业出现的很久以前，人们就已经在食用谷类了。

农耕的种子

在以色列，科学家们发现了好几个用树枝建成的茅屋遗址。其中一个茅屋中有烧过的种子和水果，包括杏仁、葡萄和橄榄。这些食物当时还是野生的，后来成为了重要的农作物。那些生活在2.3万年前的先人可能在尝试拓宽食物来源的方法——这是迈向耕种和定居的重要一步。

野生燕麦粥

在意大利，发现了一种3.2万年前用来研磨谷类的工具。它的用途是研磨野生燕麦。这些谷类在碾碎之前是用火烤过的，说明人们在尝试采用不同的方法和步骤制作食物。研磨器的出现也早于农业的出现。

史前面包

已知最早的面包遗存是在约旦发现的烤面包屑，有1.44万年的历史。当时人们做面包，可能是因为面包紧实、携带方便，并且富含碳水化合物和维生素。这种面包是在石头做的巨大圆形火炉中烤制而成的。制作面包可能是人类种植谷物的原因之一。

怎样做出史前面包？

试着做一做史前面包吧！尝试不同的配料和用量，直到做出可口的面包。

1. 将小麦和大麦的面粉混合到一块儿。

2. 加入压碎的鹰嘴豆和小扁豆。

3. 加上水，和成面团。

4. 在大人的帮助下，用烤箱烤熟。

播种收获

在最后一次冰期结束的时候，也就是1.2万年前，气候变得更加温暖湿润。这促使人们纷纷选择合适的地方定居下来。他们整理土地，然后撒上野生植物的种子，这样就可以生产出属于自己的食物，不用总去捕猎或采集食物了。种地也很辛苦，他们成了最早的农民。

新月沃土

农耕最早出现在一片称为"新月沃土"的区域，这个地带从伊朗一直延伸到埃及的尼罗河河谷。这个地区的农民懂得哪些植物对他们来说是最好的食物，然后播种这些植物的种子以得到更多粮食，这是人类改变自然的开始。人们的迁移让这种做法拓展到世界其他地方。

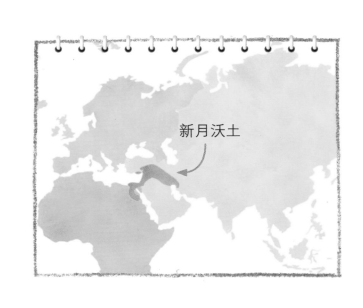

新月沃土

稻

稻是最早耕种的禾本科植物之一。中国的珠江流域是稻的发源地。现在水稻的所有品种都起源于此，时间可追溯至1.35万年前。其他的稻品种出现在另外一些地区。大约4,000年前巴西的亚马孙流域，大约3,500年前西非的尼日尔河三角洲地带，才开始种植稻。

美洲引进品种

马铃薯原产于美洲。几乎任何一种现代马铃薯品种，都起源于离智利海岸不远的奇洛埃群岛。传说是哥伦布最早将其引进欧洲，而沃尔特·雷利爵士将其引进英国。事实上是西班牙征服者将马铃薯先带到加那利群岛，然后传到欧洲大陆的。玉米是大约9,000年前最早在墨西哥南部培育出来的。农民们经年累月选择结出更多种子的植株，最终培育出今天我们看到的玉米。

   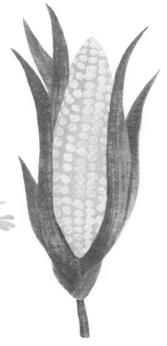 

小麦	大麦	水稻	玉米	燕麦
时间：1万年前	时间：1万年前	时间：1.35万年前	时间：1万年前	时间：3,000年前
地点：土耳其东南部	地点：埃及、埃塞俄比亚或者中国西藏地区	地点：中国	地点：墨西哥	地点：土耳其或欧洲东南部

加入调味品

我们的史前祖先们想让食物更美味。在大约6,100年前的罐子中，发现了烤过的食物，其中有大蒜、芥末和烤熟的洋葱的残留物。这些香料的营养价值并不高，所以它们的作用肯定是用来增加食物的香味。

与狼齐奔

人类对自然的驯服和控制可不仅限于植物，也包括动物。通过耕种和放牧，人们开始改变大自然。充足的食物能养育更多的人口，因此人口数量急速增长。这是人类历史的一个转折点，对地球上所有生命来说也是一个转折点。

野生与驯养

我们的祖先主要驯化了四大类动物。第一类是跟人类一起生活的动物，例如狗和猫。第二类是用来做食物的动物，包括牛、绵羊、山羊、猪、驯鹿和羊驼。马、驴、骆驼等驮畜也被驯养，用来拉运东西或者骑乘。人类还驯养了几种昆虫，例如蜜蜂和蚕。

人类最好的朋友

狼很可能是最早被人类驯养的生物，可以说比任何动植物都要早。性格最为温顺的狼甚至会主动让人驯养：它们接近人类的营地，吃人类剩下的食物。最终，它们加入人类狩猎者队伍，这样人与狼的关系确立了下来。在3.2万年至8,800年前的某个时间点，狼在与欧洲人类的密切接触中演化成了狗。在驯养过程中，它们那些最有用的特征得以发扬光大：牧羊犬用于放牧、哈士奇用于拉雪橇、灵缇用于在沙漠和草原捕猎、腊肠犬用于在狭小的空间捕猎，而马士提夫獒（áo）犬则用于守家护院。

绵羊

绵羊是人类为了获取肉、奶、皮和毛而最早驯化的动物之一。它们在1万多年前的新月沃土地区被成功驯化。现代绵羊的祖先摩佛伦羊是一种适应性非常好的野生绵羊。这种羊能够在各种栖息地生存，但是过度捕杀差点导致它们灭绝。于是人们把抓来的活羊饲养了起来。驯养的成功保证了足够的羊肉供应。

牛 的 培 育

欧洲家牛的起源可以追溯到大约1万多年前生活在伊朗境内的一批野生原牛，数量不多，仅80只而已。一名勇敢的农民想方设法驯服了凶猛强悍的野生原牛。我们今天看到的所有欧洲家牛都起源于那群原牛。印度河流域和埃及等地也驯养牛。

笑一笑，奶酪到

在动物被驯养之后，我们的祖先不仅随时可以吃到美味的肉，还能喝到牛奶。牛奶能制成奶油和奶酪。人们在波兰发现了一个大约有 7,500 年历史的奶酪筛。

从村庄到城市

农业改变了我们祖先的生活方式。他们放弃了漂泊的生活，开始在湖边或河边建造简单的聚居地。后来，逐渐出现了组织有序的村庄、乡镇和城市。

农业定居点

在位于西亚的约旦西北部的扎尔卡河岸边，发现了安嘎扎尔（Ain Ghazal）遗址。这是最早的村庄之一，距今有1万多年了。人们住在用长方形石块和土块做成的房子里。他们在旁边的山地里种植庄稼，养殖绵羊和山羊，也猎杀野生动物。在600年的时间里，这个定居点从一个小村庄发展成一个小型的乡镇，最终有1,600人在此生活。

城市生活

最早的城市出现在6,500年前的新月沃土。其中已知最早的一座是位于伊拉克的乌鲁克（Uruk）。农业的出现，让人们摆脱了终日为寻找食物而忙碌的状态。人们有了多余的食物，既能储存，也能和其他城市的人进行交换。在城市中生活，人们可以很容易地交流想法，分享物品。但是城市崛起也会带来一些负面影响，例如，人口聚集会助长疾病的传播；有些城市的统治者可能为了抢夺食物、抓捕奴隶，而试图袭击其他城市，这样就导致了最早的战争。

大约5,000年前，各个城市普遍建起了防御城墙。这些坚固的堡垒可以对抗侵略者，保护市民。

屠夫、面包师和蜡烛制造商

城市出现后，就需要有人专门从事某方面的工作，例如，有人种地和放牧，有人烤面包、卖肉、与其他城市交换多余物品。于是，至少有四种类型的职业出现了——农民、面包师、屠夫和商人。随着城市的发展，出现了越来越多的专业性工作，例如建筑师、建筑工人、工程师、医生和律师。

买与卖

早在13万年前，史前人类交换物品的活动范围已经跨越300多公里了。交换是一种安全保障。如果当地情况发生改变，用于制作工具和食品的材料出现短缺，那么人们可以依靠周边的人提供帮助。为了生存，他们结交朋友、交换礼物，并进行食物及其他有价值资源的交易。

波斯

地中海

阿拉伯

埃及

贸易路线

在农业出现的早期，新月沃土区域的大多数人群是彼此不联系的。到了大约8,000年前，农民人口数量不断增长，他们开始开辟贸易路线，甚至与贸易路线沿线的人通婚。一些伊朗的农民向南走到了印度，约旦的农民迁到东非，而土耳其的农民向西进入欧洲。狩猎采集者居住了数千年的家园很快就成了从事贸易的农民的住所了。

索马里

大西洋

丝绸之路

　　最长的一条古代贸易通道是丝绸之路，连接着欧洲和东亚地区。丝绸之路形成于2,000多年前，它并不仅仅是一条路，更是连接起陆地和海洋的一个交通网。虽然这条通道的名字来自从中国出口的丝绸，但其实流通着各种各样的商品。

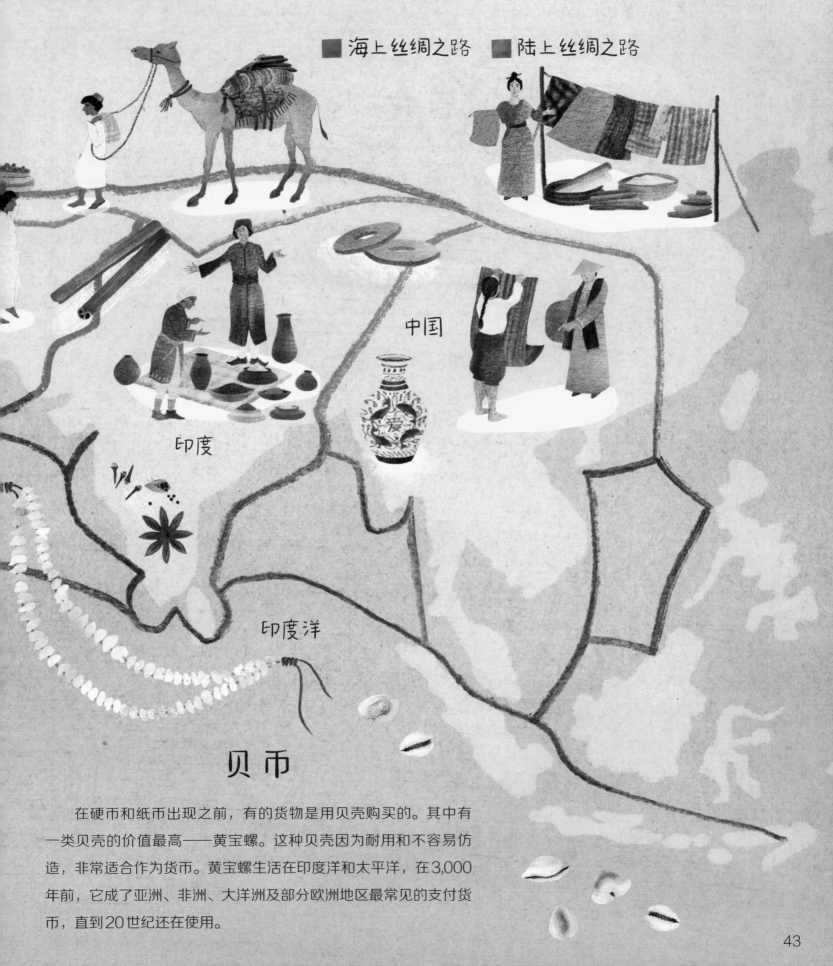

■海上丝绸之路　■陆上丝绸之路

中国

印度

印度洋

贝币

　　在硬币和纸币出现之前，有的货物是用贝壳购买的。其中有一类贝壳的价值最高——黄宝螺。这种贝壳因为耐用和不容易伪造，非常适合作为货币。黄宝螺生活在印度洋和太平洋，在3,000年前，它成了亚洲、非洲、大洋洲及部分欧洲地区最常见的支付货币，直到20世纪还在使用。

卫生保健

史前人类是没有医生的，所以一旦生病或受伤，他们的日子就不好过了。不过，一些化石证据显示，他们会想尽办法互相照顾。

治病疗伤

在法国克罗马农发现的一具早期人类骨骼中，脊柱顶端的骨头有愈合的痕迹，表明他在过去某个时刻曾遭受过严重的背部创伤。另外一个古人的颅骨显示，他在颅骨受到创伤之后又活了一段时间。他们在受伤后能存活下来，有足够长的时间让这些创伤愈合，证明他们受到了群体中其他成员的照料。

猩猩药剂师

早期的人类，甚至尼安德特人，很可能采集草药和其他具有药效的植物来治疗疾病和处理伤口。我们之所以这么猜测，是因为与我们亲缘关系最近的黑猩猩就会使用草药。例如，在菊科中有一种植物的叶子对杀死肠道寄生虫有效。有人观察到黑猩猩将这种叶子折叠起来，然后像我们吃药一样咽下去。

早期的外科手术

有些1万年前的颅骨上有钻出来或凿出来的非常规整的孔洞。科学家们认为，这可能是为了给患者减轻头痛。在头顶上开孔，应该是想把坏东西放出来，好延长寿命。这与现代的外科医生有时候会切除部分颅骨以减少脑部压力的做法是类似的。

抗生素

使用抗生素似乎是一种现代的疗法，但是我们的祖先有时凑巧会用上。例如，古埃及人会将发霉的面包放在被感染的伤口上。不过，直到1928年，亚历山大·弗莱明才发现了青霉素，证明了霉菌上的青霉素可以抑制细菌生长。

疫苗

用疫苗防止疾病的发生，可能也不像你认为的那样是什么新生事物。古希腊人观察到患天花病后痊愈的人不会再染上这种病。大约1,000年前，医生们发明了一种接种疫苗的方式，将天花结痂放到健康人的皮肤下，或者研成粉，通过鼻孔吸入。这样就会刺激身体制造抗体，来预防这种疾病。这种方法并不总是有效，有的人不但没有得到保护，反而因此死掉了。爱德华·詹（zhān）纳从1796年开始，成功地为人们接种抵抗天花的疫苗。

我们也爱美

史前人类佩戴的首饰和其他装饰品给其他人传递出无声的信息。首饰可以用来表明一个人的部族或家族、地位或等级，或者起到抵御邪灵的作用。另外，它们看上去很漂亮，可以让佩戴者心情愉悦！这说明人类已经超越了简单的求生欲望，开始关注自己的外貌，有了精神方面的需求。

贝壳项链

最早的首饰发现于非洲和西亚。人们将海螺贝壳穿孔后串成项链佩戴。一些贝壳里面还放有赭石。这些出土物品的年代说明，我们的祖先在 10 万年前就佩戴首饰了。

史前时尚

最早的衣服是用动物皮毛做的。缝合起来的衣服比简单系在身上的衣服能更好地抵挡严寒。染过色的亚麻植物纤维制品为我们提供了线索，证明人们早在2.8万年前就会织衣服、编篮子。一些衣物上装饰着扣子和串珠，穿这些衣服的人很可能还会佩戴有雕刻花纹的吊坠。在德国发现的一件用猛犸象牙雕成的马形吊坠，已有3.2万年的历史。

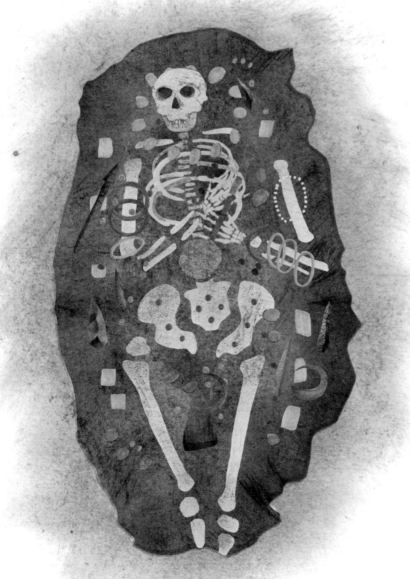

珍贵的黄金

人类在几千年前就已经认识到黄金的价值了。黄金不会生锈，所以是权力永恒的象征。最初，人们很可能是从河床上或者洞穴里捡到天然金块。目前所知最早的黄金制品，包括装饰品在内，是在保加利亚的瓦尔纳发现的，已经有6,000年的历史。

首饰制造者

人们原本以为男性负责制造首饰，而女性负责做饭、照顾婴儿。但是在奥地利，科学家们发现了一座女性首饰制造者的墓穴。在她的骨骼周边，放置着石砧、石锤和以燧石为原料的石凿，还有一些服装配饰，大约有4,000年的历史。通常，将个人的生产工具陪葬不足为奇，但是这项发现却不同寻常，意味着科学家们需要从新的角度重新审视史前的性别分工。

史前艺术

请想象一下史前人类是怎样观察世界的。在大部分时间里，他们关注的是现实需要——怎样养活家人和找到水源，怎样防御猛兽或邻居的侵袭。而当生存所需得到满足之后，他们的创造性技能就应用到那些并非必须，但漂亮且令人心情愉悦的事情上了。这样，人类就发现了艺术的魅力。

抽象艺术

最早的艺术作品非常简单。科学家们发现了一枚淡水蛤（gé）壳，上面有着之字形符号，可能是生活在大约50万年前的直立人用鲨鱼牙齿刻上去的。

另外一件早期的抽象艺术作品发现于南非的布隆伯斯洞穴。这是一块长方形的暗红色赭石，表面雕刻着交错的线条，大约是7.3万年前制作的。

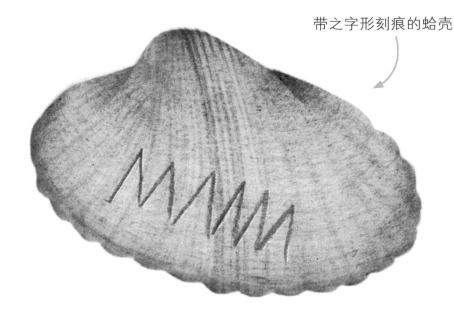

带之字形刻痕的蛤壳

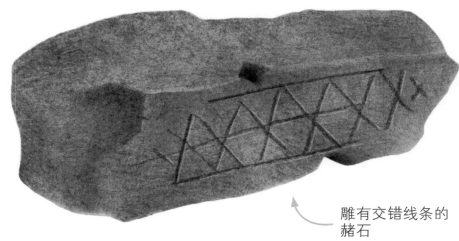

雕有交错线条的赭石

狮人雕像

半人半狮

世界上最古老的雕刻品是一个"狮人"，它有人类的身体和狮子的头，用象牙雕成，有4万年的历史。这件雕刻品是从德国出土的，相邻洞穴也出土了类似的雕刻品，还有一些造型简单的骨笛。这些发现让人联想到，它们可能与某种宗教仪式有关。

洞穴艺术

人类为什么要在洞穴的四壁和顶部作画，原因还不十分清楚。最早的艺术是手印画，既有男性的手印也有女性的手印。后来，人类捕猎的动物也加入洞穴壁画的内容。史前人类来到又深又黑的洞里创作这些艺术品，科学家认为不仅仅为了好看，还可能是一种祈福的方式：祈求捕猎时有好运、求雨、祈求家人平安。作画所用的颜料主要是红色、黄色和黑色。其中一种颜料的产地在250公里外，作画的人可能是通过交易获得的。

心灵的宴慰

现在很多人信仰宗教，以帮助他们面对生活中的坎坷，我们的史前祖先们似乎也有类似的行为。史前人类要生存下去，要依赖自然界的方方面面，所以他们崇敬太阳、风、壮观的岩石、洞熊以及他们自己的祖先也不足为奇。人们认为世上的神灵有好有坏，他们通过供奉食物和祭品来求得安宁。

庄严的葬礼

失去亲人一定是痛苦的，现在如此，10万年前也是如此。如何应对丧亲之痛，我们祖先的做法跟现在也非常相似。他们在地面上挖坑，将逝者的身体放入，然后掩埋。逝者生前使用过的物品，比如石制工具，会作为陪葬品被一起掩埋。1.2万年前，当人们开始在村庄定居后，有迹象表明，人们把尸体放在鲜花上，然后再放入墓穴。尼安德特人可能已经开始有意识地埋葬死者。一具在法国出土的5万年前的尼安德特人骨骼，看起来是对折后放进墓穴中的。

动物崇拜

在迪拜旁边的阿卡伯岛上发现了动物崇拜的迹象。6,500年前，那儿是一个渔村，当地的渔民用从牡蛎贝壳上削下来的钩子捕鱼。在这个遗址，科学家们发现了一堆儒艮（rú gèn）骨骼。刚开始科学家认为那里是一个屠宰场，但是仔细研究后发现，儒艮骨骼是精心摆放的，里面还有少许的红色赭石。因此，那里可能是一块圣地，为了纪念那些被捕杀的儒艮。

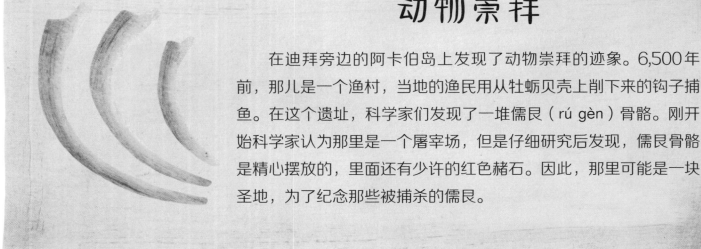

巨型纪念建筑

　　位于英国的巨石阵，是欧洲著名的史前遗址，大约是5,000年前开始建造的。在巨石阵里，有一圈巨大的萨尔森石，来自30公里之外的马尔伯勒丘陵，而蓝石则来自320公里之外的威尔士。巨石阵沿着冬至时日落及夏至时日出的方向排列。它的功能尚不清楚，但是有几种推测。在巨石阵的周边发现了坟墓，说明它可能是一个墓地，而其中大量残缺的骸骨则说明它也许是一个治疗场所。它还可能是一个祭奠祖先的地方，或者是一个预测冬至夏至、春分秋分和日食月食的天文观测台。巨石阵只是巨型复杂构造的一部分，周围还有其他圆形建筑物和由石头标识的道路。

说一说，写一写

　　说话是一种利用词汇沟通交流的方式，词汇可以代表物品、行为、感觉和想法。词汇是由不同的声音组成的，当按特定的顺序把词汇组合到一起，就形成了口语。尽管有几种鸟类可以模仿我们说话，但是人类才是唯一有语言能力的动物。尼安德特人和早期直立人应该已经会用简单的口语了。

远古发音

　　利用3D扫描技术，科学家已经证实尼安德特人具有跟现代人相似的发声部位。如果他们有这些部位，那他们很可能就会使用。DNA研究证明，尼安德特人也具有现代人所特有的基因——FOXP2，这种基因对语言能力的形成至关重要。

语言的起源

　　语言是怎样出现的？这是科学研究中争论最为激烈的话题之一。为什么会形成语言，语言是什么时候形成的，大家没有达成共识。一种假说认为，语言是从手势和诸如"哎哟"或"嗯"等声音开始的，迅速发展为意义更丰富的形式。通过观察野生青腹绿猴，我们知道了简单的"语言"是如何发展的。这种猴子针对不同的猛兽有不同的告警声音。警告不仅让群体知道危险降临，而且也告知同伴要做什么。例如，"蛇出现"的警告声音一出，所有的猴子都会用后腿站立起来，寻找地面上的敌人。听到"鹰出现"的警告声音时，它们会抬头往上看，然后从树上跳下来，藏到灌木丛中。而一听到"豹出现"的警告，它们就会逃离地面，快速爬到最细的树枝上。

写下来

在语言出现之后很久才出现文字。在西亚和地中海地区，最早的文字出现在大约5,000年前的乌鲁克，当地的苏美尔人在泥板上刻出一些符号，用来记录货物的买卖。随着时间流逝，不同的符号组合开始代表音节和词语。这种楔形文字沿用了数千年，后来被字母书写体系取代，例如古希腊和古罗马所用的文字。

印刷

发明了印刷术以后，人们可以同时和很多人交流了。尽管15世纪德国的金匠约翰内斯·谷登堡被认为是西方活字印刷术的发明人，但实际上，印刷术的出现要早得多。在中国，早在公元200年左右，人们就懂得在木块上刻字，制成雕版，并用墨印到纸上。北宋时期，毕昇发明了泥活字印刷术。

从史前时期
进入历史时期

书写的出现标志着人类故事进入一个新的时代。在文字出现之前，对生活和生存有用的信息很可能是通过口口相传的，这有遗忘的危险。用文字记录下来，信息就可以保存得更长久。文字也有助于我们更好地理解过去并从中学到东西。我们创造了历史。

53

长大成人

　　跟其他灵长类动物相比，人类的孩子成长速度更慢，与家人生活在一起的时间更长。一般来说，女孩直到11岁至15岁的时候才能发育成熟，男孩成熟得更晚。相比之下，雌狒狒在5岁就已发育成熟，并在之后一年左右的时间里离开族群，加入另一个群体。之所以有这样的差距，是因为人类的大脑需要更多能量，致使身体的生长发育期延长。这给家庭生活也带来了影响。

大器晚成

　　由于大脑变得更大更复杂，需要更多的能量供应，导致人类成长所需时间更长——是黑猩猩的两倍。这点在孩童五岁大的时候表现得最为明显。在这段时间，大脑获取到大部分营养物质，快速生长，但身体却长得最慢。幼儿期长，意味着孩子需要父母更长时间的照顾，需要在家庭环境中度过更长的时间，也让孩子的大脑更好地适应人类复杂的生活环境。

家庭

　　你的家庭可能在你看来很平常，但是人类家庭单元从生物学意义上讲可不同寻常。猴子和黑猩猩生活在更大的群体中，而我们生活在小而紧密的家庭中，只与亲缘关系最近的人共同生活。在西方，家庭单元通常只有父母和孩子，这种模式只有长臂猿跟我们相同，其他猴或猿很少这样。

生死相依

　　家庭生活不能形成化石，所以我们不知道人类是从什么时候开始以家庭为单位生活的。不过，在德国的一个村庄遗址中，我们找到了人类家庭的早期例子。在一座有4,600年历史的墓地中，发现了一名成年男性、一名成年女性和两名男孩的骸骨。他们面对面侧躺着，胳膊搂在一起，中间是两个小男孩。DNA分析证明他们是父母及其两个亲生孩子。

我们最后的近亲

当智人奔向世界各地时，一种体型更小的古人类生活在印度尼西亚的弗洛勒斯岛。由于腿短脚大，他们得到了一个绰号——霍比特人（hobbit）。他们身材矮小，可能是"岛屿矮化"的结果。隔绝在海岛上的动物经过很长一段时间之后，由于食物有限且猛兽也少，演化出比大陆近亲更小的体型。霍比特人很可能狩猎矮象，而矮象也由于相同的原因身材矮小。科学家们认为霍比特人、丹尼索瓦人和尼安德特人可能是现代人最后的近亲。

弗洛勒斯人

生存年代：更新世（距今10万～5万年）

体型大小：身高1.1米

我们的未来会怎样？

尽管人类的历史可以追溯到数百万年前，但是智人这个物种在地球上最多只存在了30万年。智人出现的时间虽然很短，但是发展迅速，我们已经从穴居发展到能在太空生存。我们对地球这颗行星的影响非常巨大，而这种影响并不都是好的。从此之后，我们又将走向何方呢？科幻作家经常预言未来的人类可能是大脑袋、小身体，与机器人一同工作，而且生活在其他星球上。现实可能并非如此。

演化停止了吗？

一些科学家认为，当我们变成智人后，人类的演化就结束了。毕竟，我们现在可以控制环境了。举例来说，猛兽已经无法影响人类的存亡。正如一位科学家所说的："对我们这一物种来说，情况已经没有变好变坏之说了。"然而，另一些科学家认为，我们的演化还没有停止。随着人口增长，基因突变的可能性随之增加。有利我们健康及生存能力的新基因会不断地出现。实际上，我们可能在越来越快地演化，而不是停滞。

大脑变小

一项令人惊讶的变化是：虽然我们的生活变得越来越复杂，但是我们的大脑却在变小。因为我们变得越来越高、越来越灵巧。现在，我们将更多的信息存储在电脑中，所以我们不需要用大脑去记忆那么多信息了。这点与家养动物相似，它们的大脑比其野生近亲的要小，部分原因是它们不需要考虑躲避天敌和找寻食物。这是不是说明人类也已经被驯化了？

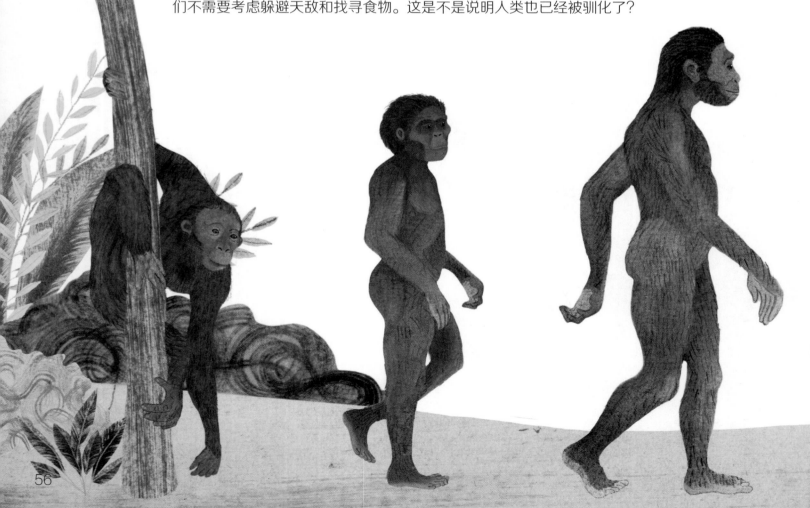

人口爆炸

大约1万年前，地球上有1,000万人。到了罗马帝国时期，有2亿人。今天，地球上有76亿人，而到2100年，人口可能会达到112亿。这样的增长速度引发了很多严峻的问题。我们去哪儿居住？怎么养活所有人？我们怎样跟自然世界中的动物植物和平共处，怎样保护地球？这些问题在未来将变得越来越紧迫。

科幻还是事实

虽然科学家不确定人类将如何演化，但是存在几种可能性。也许，我们依然是我们，只有少数细微的变化，或者一种新的人类物种会演化出来——要么在地球上，要么生活在另外一个星球上。第三种可能性是人类大脑跟智能机器一起工作，而人类的身体却完全消失。你认为会怎样呢？

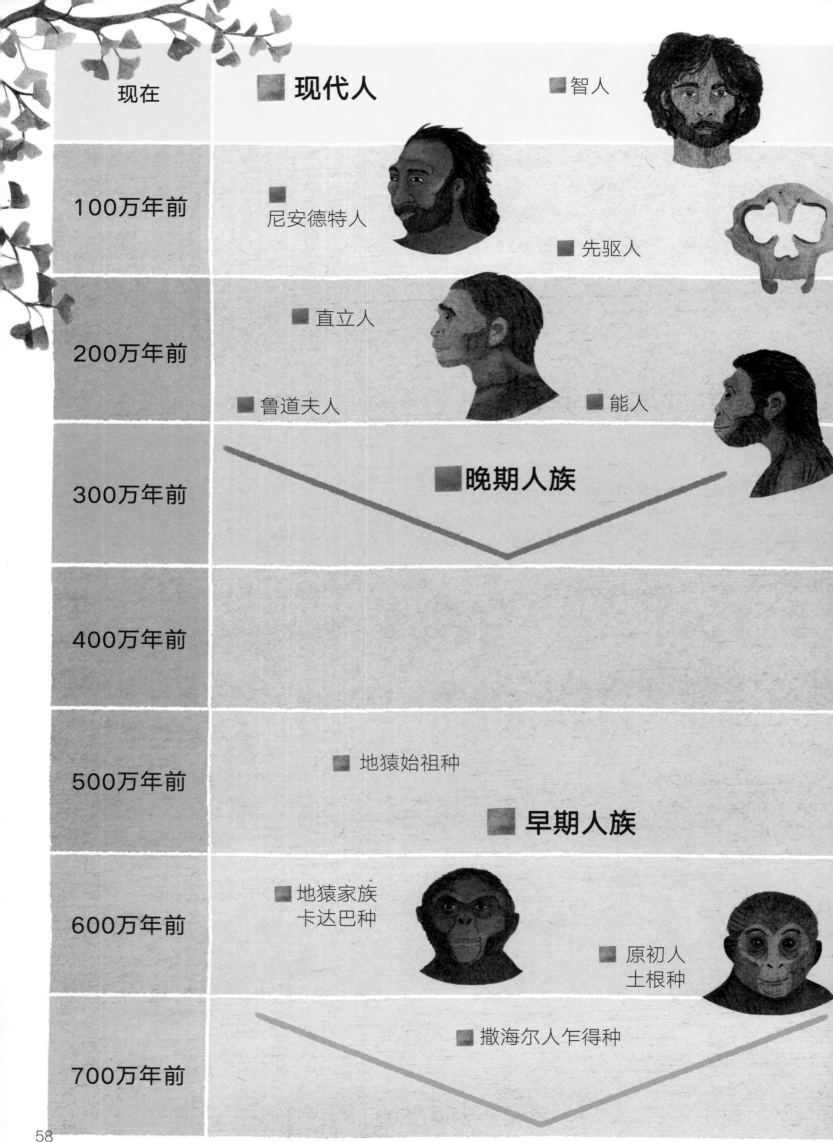

现在　　　　　■ **现代人**　　　　■ 智人

100万年前　　■
　　　　　　尼安德特人　　　　　■ 先驱人

200万年前　　■ 直立人

　　　　■ 鲁道夫人　　　　　　　■ 能人

300万年前　　　　　　　　■ **晚期人族**

400万年前

500万年前　　　■ 地猿始祖种

　　　　　　　　　■ **早期人族**

600万年前　　■ 地猿家族
　　　　　　　卡达巴种
　　　　　　　　　　　　　　■ 原初人
　　　　　　　　　　　　　　土根种

700万年前　　　　　　　■ 撒海尔人乍得种

弗洛勒斯人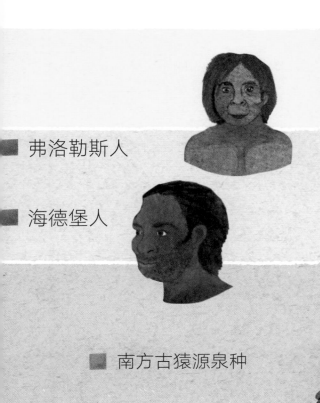

海德堡人

粗壮型
南方古猿（傍人）

傍人粗壮种

南方古猿源泉种

傍人鲍氏种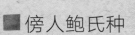

南方古猿
惊奇种

南方古猿非洲种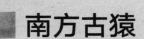

傍人
埃塞俄比亚种

南方古猿

平脸肯尼亚人

南方古猿阿法种

南方古猿湖畔种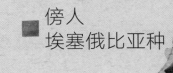

人类的家族树

　　人类的演化故事是漫长而复杂的。演化树不是从上一个祖先到下一个祖先的直线，而是有许多分支，有些分支甚至会戛然而止。最近的故事章节很可能是从非洲开始，传播到世界各地的。故事中的各种角色，可能会随着新的考古发现而改变，但唯一确定的是，智人是唯一幸存的人类。

全球的人类

　　智人并不是唯一走出非洲的古人。如图所示，我们的几个祖先都这样做了。那些到达欧洲和亚洲的人，主要走陆路，到达印度洋和太平洋岛屿的人，一定有船。这显示了人类的创造力，也反映了人类如何用聪明才智在不到20万年的时间内征服世界的历程。

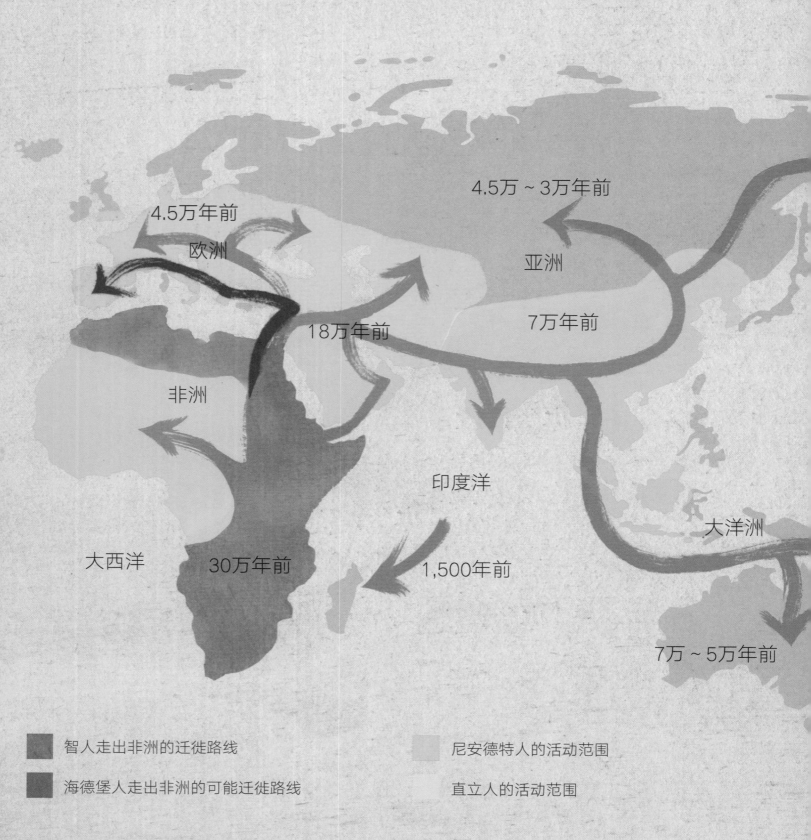

4.5万年前
欧洲

4.5万～3万年前

亚洲

7万年前

18万年前

非洲

印度洋

大西洋

30万年前

1,500年前

大洋洲

7万～5万年前

智人走出非洲的迁徙路线

尼安德特人的活动范围

海德堡人走出非洲的可能迁徙路线

直立人的活动范围

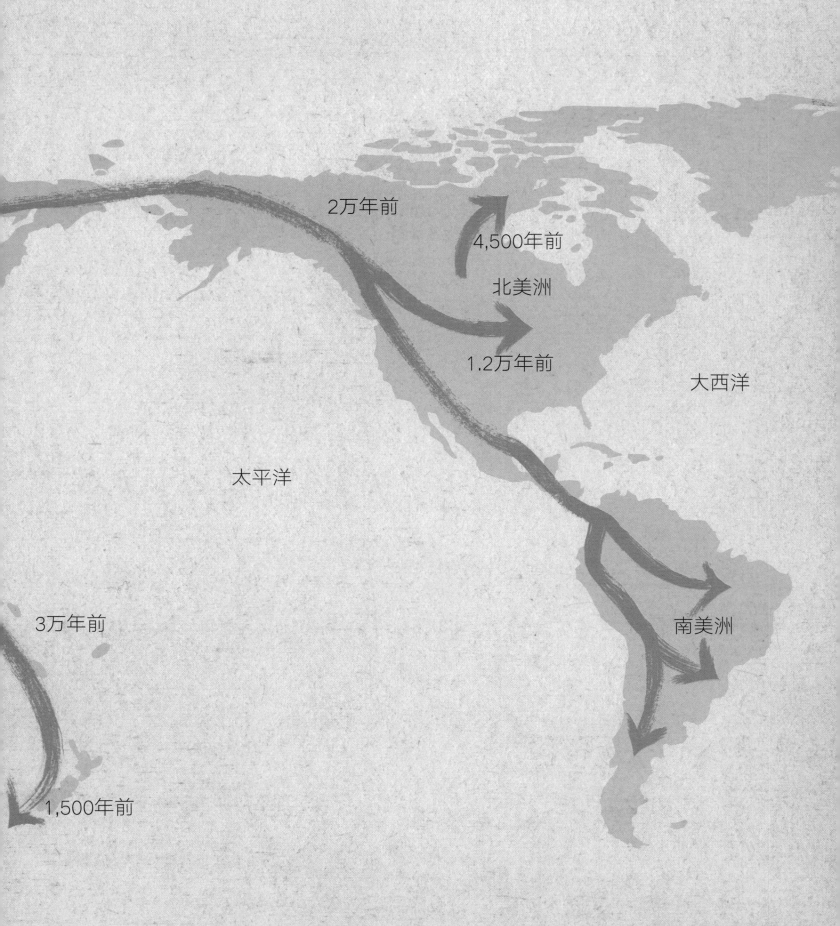

2万年前

4,500年前

北美洲

1.2万年前

大西洋

太平洋

3万年前

南美洲

1,500年前

61

人之由来，是一个精彩的故事。在从猿到人的演化历程中，发生了太多令人惊奇的改变，而且每一个改变，或小或大，都对现代人的最终出现产生了深刻的影响。此书为读者开启了一段发现的旅程，通过介绍关键的演化事件，让我们了解人类的来龙去脉，让我们思索人类会走向怎样的未来，让我们探究耐人寻味的哲学命题——了解自己。

——北京自然博物馆馆长　孟庆金

　　我们从哪里来？自古以来，无数哲人思考过这个问题。不过，直到达尔文提出进化论，我们才意识到自己来自一种猿。随着最近数十年古人类学、考古学和分子生物学的发展，最终的答案越发清晰：现代人是非洲大地上诸多人族经历数百万年进化后的最终幸存者。而本书正是描述了这段奇妙的生命旅程并给出了其中的科学证据。

——《科学世界》杂志编辑　孙天任